YOUR KNOWLEDGE HAS VALUE

Helder Pires

Reposta Das Macroalgas Perante Variações De Temperatura E Salinidade

Ulva fasciata e Sargassum stenophylum

GRIN Verlag

Bibliografische Information der Deutschen Nationalbibliothek:

Die Deutsche Bibliothek verzeichnet diese Publikation in der Deutschen National-
bibliografie; detaillierte bibliografische Daten sind im Internet über http://dnb.d-
nb.de/ abrufbar.

Dieses Werk sowie alle darin enthaltenen einzelnen Beiträge und Abbildungen
sind urheberrechtlich geschützt. Jede Verwertung, die nicht ausdrücklich vom
Urheberrechtsschutz zugelassen ist, bedarf der vorherigen Zustimmung des Verla-
ges. Das gilt insbesondere für Vervielfältigungen, Bearbeitungen, Übersetzungen,
Mikroverfilmungen, Auswertungen durch Datenbanken und für die Einspeicherung
und Verarbeitung in elektronische Systeme. Alle Rechte, auch die des auszugsweisen
Nachdrucks, der fotomechanischen Wiedergabe (einschließlich Mikrokopie) sowie
der Auswertung durch Datenbanken oder ähnliche Einrichtungen, vorbehalten.

Imprint:

Copyright © 2009 GRIN Verlag GmbH
Druck und Bindung: Books on Demand GmbH, Norderstedt Germany
ISBN: 978-3-640-82161-7

This book at GRIN:

http://www.grin.com/en/e-book/166035/reposta-das-macroalgas-perante-variacoes-
de-temperatura-e-salinidade

GRIN - Your knowledge has value

Der GRIN Verlag publiziert seit 1998 wissenschaftliche Arbeiten von Studenten, Hochschullehrern und anderen Akademikern als eBook und gedrucktes Buch. Die Verlagswebsite www.grin.com ist die ideale Plattform zur Veröffentlichung von Hausarbeiten, Abschlussarbeiten, wissenschaftlichen Aufsätzen, Dissertationen und Fachbüchern.

Visit us on the internet:

http://www.grin.com/

http://www.facebook.com/grincom

http://www.twitter.com/grin_com

UNIVERSIDADE FEDERAL
DE SANTA CATARINA

UNIVERSIDADE FEDERAL DE SANTA CATARINA E UNIVERSIDADE DE CABO VERDE
PROGRAMA DE INICIAÇÃO CIENTIFICA

DEPARTAMENTO DE BOTÂNICA

RESPOSTA DAS MACROALGAS PERANTE VARIAÇÕES DE TEMPERATURA E SALINIDADE

(*Ulva fasciata* e *Sargassum stenophylum*)

ELABORADO POR: HELDER PIRES

Florianópolis, 30 de setembro de 09.

Índice

Resumo

Este estudo tem o intuito de testar o desempenho fotossintético das espécies de algas (*Ulva fasciata* e *Sargassum stenophylum*) em diferentes salinidades, a fim de verificar o estado fisiológico da alga através da fluorescência da clorofila a. Para cada espécie utilizou-se quatro replicas de 0,35g. Cada amostra foi incubada nas salinidades 5, 15 e 34e duas câmaras de temperatura (15 e 25°c) por quatro dias sob fotoperíodo de 14:10 h (14h de luz e 10 horas de escuro). Após o primeiro e o ultimo dia de incubação foram feitas medições com o PAM para determinar a fluorescência da clorofila a. Para verificar a influência dos factores ambientais testados (temperatura e salinidade) e a importância relativa de cada factor. Os resultados foram avaliados através de análise de variância para os efeitos principais (ANOVA). Os resultados mostram que as duas espécies são capazes de adaptarem-se a variações nos parâmetros em estudo embora de uma forma diferente.

Palavras-chave: fluorescência; clorofila a; salinidade, temperatura, *Ulva fasciata* e *Sargassum stenophylum*.

Abstract

This study has the intent to test the photosynthetic performance of seaweed species (*Ulva fasciata* e *Sargassum stenophylum*) in different salinities, with the purpose to verify the physiologic state of the alga through florescence chlorophyll a. For each species, it was utilized four (4) retort of 0,35g. Each sample was incubate on salinities 5,15 and 34 and two temperature chambers(15°C and 25°C) during four days under photoperiod of 14:10h (14h of light and 10h of dark). After the first and the last day of incubation, was made measures with PAM to determinate the chlorophyll a. to verify the influence of the tested environmental factors (temperature and salinity) and the relative importance of each factor. The results were valued through analysis of variance for the main effects (ANOVA). The results signs that the two species are capable to adopt the variations on the parameters on study, although of one different way.

Keywords: florescence; chlorophyll a; salinity; temperature; *Ulva fasciata* and *Sargassum stenophylum*.

Introdução

As algas são organismos capazes de ocupar todos os meios que lhes ofereçam luz e humidade suficientes, temporárias ou permanentes, assim, são encontradas em águas doces, na água do mar, sobre os solos húmidos ou mesmo sobre a neve, quer sejam unicelulares ou pluricelulares, as algas retiram todos os nutrientes que precisam do meio onde estão solução ou humidade e, portanto, são organismos fundamentalmente aquáticos (Bhattacharya & Medlin, 1998).

Segundo Lobban e Harrison (1994) dentre os grupos de macroalgas marinhas podemos destacar três grandes grupos: Chlorophyta (algas verdes), Phaeophyta (algas castanhas ou pardas), e Rhodophyta (algas vermelhas) tendo como fatores ambientais mais importantes para o seu desenvolvimento a temperatura, salinidade, luz, movimento da água e disponibilidade de nutrientes. Portanto, o controle do crescimento, reprodução, ciclo de vida, produção de biomassa e composição química de várias espécies de algas (Perfeto, 1998; Sousa-Pinto et al., 1999; Orduña-Rojas et al., 2002), são regulados por uma complexa interação entre esses parâmetros ambientais.

As algas verdes são extremamente abundantes nos ambientes aquáticos sendo uns dos mais importantes componentes do fitoplâncton. São responsáveis pela maior parte da produção de oxigênio molecular disponível no planeta a partir da fotossíntese. Vivem em uma variedade de habitas, porém apenas 10% das mais de 7 mil espécies são marinhas, a maior parte vive em água doce. Acumulam amido no interior de suas células, e contêm os pigmentos clorofilas *a* e *b*, carotenos e xantofilas; a presença de clorofilas *a* e *b* sustentam a idéia de que as algas verdes tenham sido as ancestrais das plantas superiores, por serem estas possuidoras destes tipos de clorofila.

As algas castanhas são organismos pluricelulares predominantemente marinhos (mais comuns em mares frios), vivendo fixadas em um substrato ou flutuando, formando imensas florestas submersas. São as maiores existentes, podendo atingir mais de 25 m. Nestes organismos são encontrados os pigmentos, clorofilas *a* e *c*, fucoxantina e outros carotenóides, e como substâncias de reserva, óleos e polissacarídeo.

As comunidades de macroalgas marinhas por serem compostas de organismos sésseis, sofrem efeitos de diversos elementos do meio circundante, o que as faz excelentes sensores biológicos das condições ambientais e das tendências evolutivas de seus ecossistemas (Borowitzka ,1972).

Do ponto de vista bioquímico e fisiológico, as algas apresentam similaridade em muitos aspectos às plantas superiores. Todas possuem clorofila "a" como principal pigmento fotossintético e as mesmas vias bioquímicas básicas. Outros tipos de clorofila apresentam uma distribuição mais limitada, funcionando como pigmentos acessórios, assim como os carotenóides (β-caroteno e fucoxantina) e as ficobiliproteínas (ficocianina, ficoeritrina e aloficocianina). Também seus carboidratos de reserva e proteínas apresentam similaridade com as estruturas das plantas superiores (South; Whittick, 1987).

As algas são seres autotróficos fotossintetizantes, ou seja, que produzem o seu próprio alimento fazendo fotossíntese. A fotossíntese é um processo de fundamental importância, pois é a principal via de entrada de matéria orgânica nova em muitos ecossistemas (Margalef, 1989), sendo desenvolvida por algas, vegetais superiores e algumas bactérias, tipicamente classificados como organismos produtores primários (Lee, 1999). O processo fotossintético ocorre a nível celular em organelas especializadas denominadas cloroplastos onde ocorrem a captação da energia luminosa e as reações responsáveis pela sua transformação em energia química utilizável pelo organismo (Lee, 1999). Essas reações ocorrem em centros de reação associados com complexos de pigmentos conjugados com proteínas especializadas na captação da luz e macromoléculas especializadas no transporte de elétrons. O processo fotossintético é tipicamente dividido em duas partes, as reações da fase clara e as reações da fase escura. Em uma das reações da fase clara o hidrogênio é carreado da molécula de água, por uma série de transportadores de elétrons, até o NADP formando NADPH2, enquanto que na outra reação, há a liberação de oxigênio das moléculas de água. O conjunto de macromoléculas especializadas no transporte de elétrons associadas com a redução do NADP, é designado como fotossistema II (FSII), enquanto que o fotossistema I (FSI) corresponde ao conjunto de transportadores de elétrons associado com a liberação do oxigênio da água. Juntamente com o transporte de elétrons há a formação de ATP a partir de ADP e fosfato inorgânico. O NADPH2 formado na fase clara é usado para reduzir o CO2 ao nível de carboidrato (reações da fase escura) através da energia suprida pela quebra do ATP também produzido na fase clara (Kirk, 1994). Em estudos fisiológicos de organismos fotossintetizantes, algumas técnicas disponíveis permitem avaliar o processo fotossintético, reposta do organismo que se relaciona com seu estado de saúde. Avanços na tecnologia de fluorescência da clorofila a permitem acessar rapidamente a máxima performance fotossintética do fotossistema II (Fv/Fm), que tem sido utilizada como um indicador do estado fisiológico de organismos fotossintetizantes (Marchand et al., 2006).

Buscando estudar o comportamento apresentado por macroalgas em função das variações de parâmetros abióticos, este trabalho teve como objectivo geral avaliar a influência da temperatura e salinidade na fluorescência da clorofila.

Objectivos específicos:

- Analisar a resposta fisiológica das macroalgas perante os estresses causados pela temperatura e salinidade.

-Determinar qual a temperatura e salinidade que as algas tem uma melhor resposta.

Este estudo é importante porque através da fluorescência da clorofila pode-se especular acerca do funcionamento fisiológico de uma determinada espécie de alga quando sujeito a uma determinado estresse (temperatura e salinidade), aspectos que são importantes conhecer para o desenvolvimento do cultivo de uma espécie.

Materiais e métodos

A colecta de algas foi realizada no dia 4 de Setembro de 2009, na Praia de ponta das canas (figura 1), localizada no norte da ilha da santa Catarina (27° 24' 04" S 48° 25' 40" O), em local de costão rochoso irregular e com fracas influências antropogénicas. As amostras foram colectadas aleatoriamente num período de maré baixa e transportada para o laboratório de botânica da Universidade Federal de Santa Catarina em sacos de plásticos escuros com água do local de colecta dentro de uma arca. No laboratório o meio foi preparado usando água de torneira destilada e um sal de aquário para obter as salinidades desejadas e as amostras foram lavados com água do mar tratada com raios ultravioletas para retirada de materiais indesejáveis, como epífitas, grãos de areia e pequenos animais e depois transferidas para dois aquários onde permaneceram durante quatro dias na temperatura de 22°C, e salinidade de 25 ups (unidade padrão de salinidade) para aclimatação. Depois desse período as amostras foram cortadas e pesadas numa balança de precisão para obter 48 amostras (24 de *U.fasciata* 24 de *S.stenophylum*), cada uma pesando 0,35g e em seguida foram colocadas em frascos do tipo erlenmeyer de 250ml contendo o meio enriquecido com von stosh. Foram testadas salinidades de 5, 15 e 34 ups sendo que, para cada salinidade 4 réplicas. Posteriormente estas foram incubadas por 4 dias em duas câmaras de temperaturas, uma de 16°C (média de temperatura de inverno) e outra de 24°C (média de temperatura de verão) com irradiância de 96 e 109 $\mu mol\ m-2s-1$ respectivamente sob fotoperíodo de 14:10 h (14h de luz e 10 horas de escuro). Com essas réplicas foram feitas medições com o Diving-PAM (figura 2) após o primeiro e ultimo dia de incubação para a determinação da fluorescência da clorofila como indicador de estresse através de observações de mudanças na eficiência fotossintética das espécies em estudo (Seddon & Cheshire, 2001), sendo que para cada réplica duas medições foram feitas. Para obter a florescência máxima as amostras foram aclimatadas no escuro durante aproximadamente trinta minutos antes de fazer as medições (Schreiber et al, 1998), Para verificar a influência dos factores ambientais testados (temperatura e salinidade) e a importância relativa de cada factor, os resultados foram avaliados através de análise de variância para os efeitos principiais (ANOVA), utilizando o programa Statistica (StatSoft, v.7.0), mas antes foi feito um teste de Cochran para averiguação da normalidade dos dados.

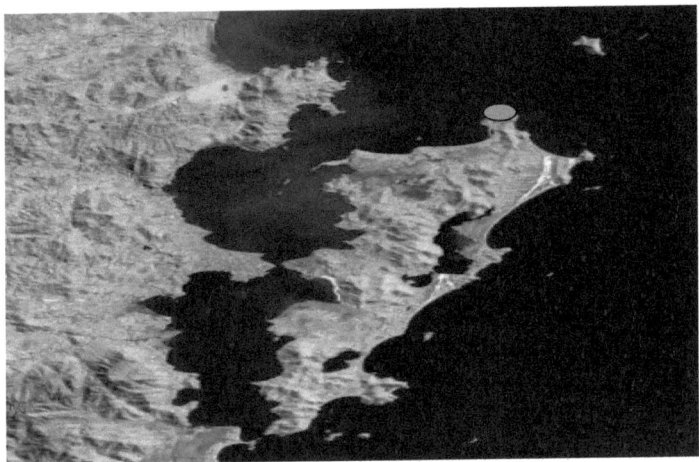

Figura 1: Mapa da Ilha de Santa Catarina representando a área de estudo (praia de ponta das canas).

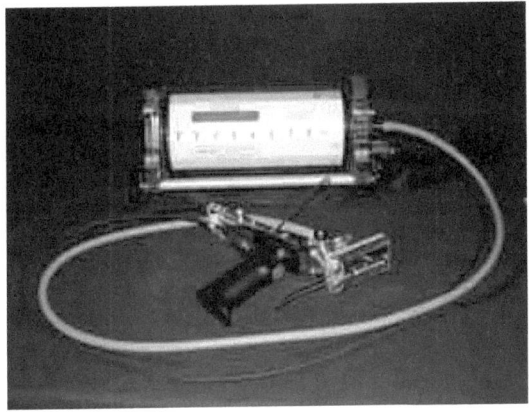

Figura 2: equipamento utilizado para medir a fluorescência da clorofila a (Diving-PAM).

Resultados

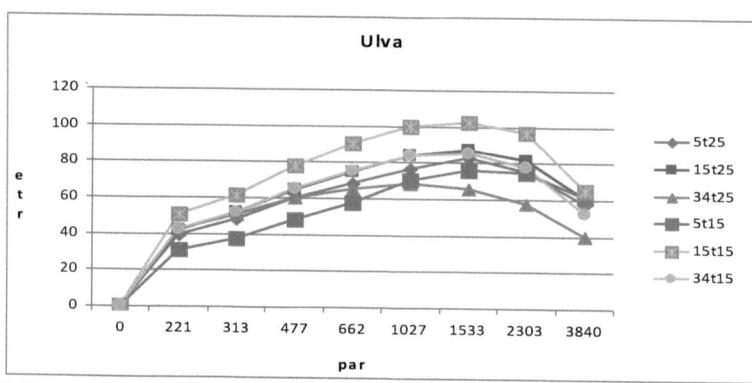

Gráfico 1: representa o fluxo de electrões (etr) e a radiação activa fotossintética (par) da Ulva para as salinidades de 5, 15 e 34 ups e temperaturas de 15 e 25°c após um dia de incubação.

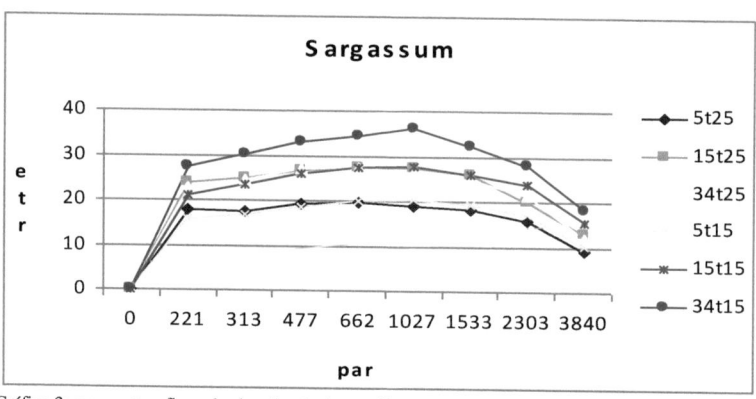

Gráfico 2: representa o fluxo de electrões (etr) e a radiação activa fotossintética (par) do Sargassum para as salinidades de 5, 15 e 34 ups e temperaturas de 15 e 25°c após um dia de incubação.

Analisando o comportamento dos dois gráficos pode-se ver que no gráfico 1, a salinidade de 15 ups é o que apresenta melhor resultado para a Ulva em ambas as temperaturas. No gráfico 2 a salinidade de 34 ups apresentou melhor resultado para o Sargassum na temperatura de 15°c e o 15 ups foi o melhor para a temperatura de 25°c, em ambas as temperaturas na salinidade 5ups o Sargassum não respondeu muito bem demonstrando um comportamento semelhante nas duas temperaturas.

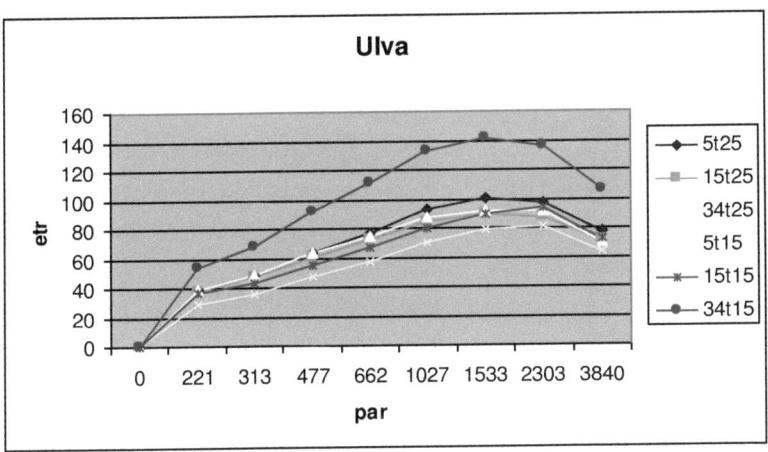

Gráfico 3: representa o fluxo de electrões (etr) e a radiação activa fotossintética (par) do Sargassum para as salinidades de 5, 15 e 34 ups e temperaturas de 15 e 25°c após três dias de incubação.

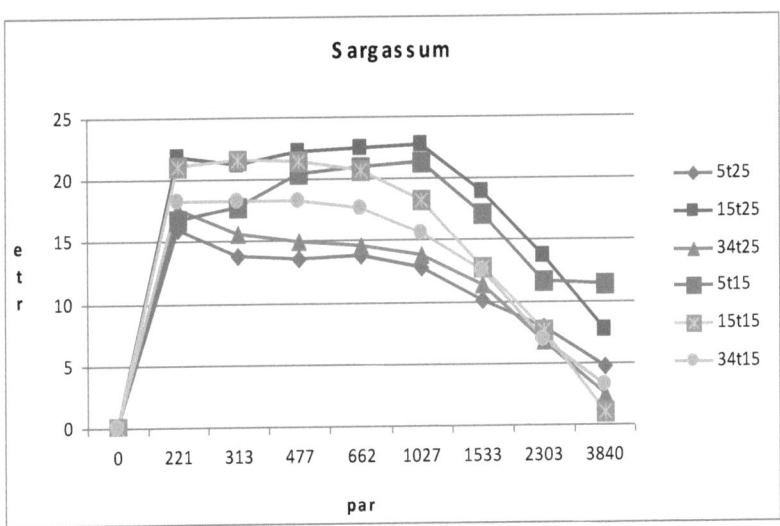

Gráfico 4: representa o fluxo de electrões (etr) e a radiação activa fotossintética (par) do Sargassum para as salinidades de 5, 15 e 34 ups e temperaturas de 15 e 25°c após três dias de incubação

Os resultados do gráfico 3 mostram que na temperatura de 15°c e salinidade 34 ups a Ulva apresenta melhores resultados enquanto que na temperatura de 25°c a resposta foi aproximadamente igual para ambas as salinidades apenas com um ligeiro

11

ascendente para a salinidade de 5ups. No gráfico 4, o comportamento do Sargassum flutuou bastante com um aumento uniforme do fluxo de electrões no inicio para as três salinidades na temperatura de 15°c seguido por um decréscimo acentuado nas salinidades de 15 e 34 ups enquanto na salinidade de 5 ups continuou a aumentar o etr com o aumento do par seguido depois por um decréscimo, mantendo depois o fluxo de electrões mostrando uma melhor resposta para essa salinidade. Ainda nesse gráfico, na temperatura de 25°c o Sargassum respondeu melhor na salinidade de 15 ups enquanto que nas outras salinidades o etr começou com um aumento seguido por decréscimo muito acentuado. Esses dados são realçados pelas tabelas que se seguem através da análise da influencia dos factores em estudo.

Tabela 1: resumo da ANOVA para os efeitos da temperatura e salinidade no fluxo de electrões (etr), onde * e ** representam diferenças significativas e *** sem diferenças significativas para os efeitos analisados (*P< 0,001, **P<0,05 e ***P>0,05) para Ulva após um dia de incubação.

	F	P
Interceptar	197,2464	0,000*
Temperatura	3,059	0,047**
Salinidade	0,1050	0,9***

Tabela 2: resumo da ANOVA para os efeitos da temperatura e salinidade no fluxo de electrões (etr)), onde * e ** representam diferenças significativas e *** sem diferenças significativas para os efeitos analisados (*P< 0,001, **P<0,05 e ***P>0,05) para o Sargassum após um dia de incubação .

	F	P
Interceptar	1812,728	0,000*
Temperatura	4,948	0,026649**
Salinidade	27,750	0,000*

Tabela 3: resumo da ANOVA para os efeitos da temperatura e salinidade no fluxo de electrões (etr)), onde * e ** representam diferenças significativas e *** sem diferenças significativas para os efeitos analisados (*P< 0,001, **P<0,05 e ***P>0,05) para Ulva após três dias de incubação.

	F	P
Interceptar	1653,484	O, 000*
Temperatura	2,132	0,14507***
Salinidade	14,232	0,000001*

Tabela 4: resumo da ANOVA para os efeitos da temperatura e salinidade no fluxo de electrões (etr)), onde * e ** representam diferenças significativas e *** sem diferenças significativas para os efeitos analisados (*P< 0,001, **P<0,05 e ***P>0,05) para o Sargassum após três dias de incubação .

	F	P
Interceptar	439,0924	0,000*
Temperatura	1,5458	0,214428***
Salinidade	8,4380	0,000255*

A melhor performance da Ulva (gaficol) após o primeiro dia de incubação na salinidade de 15 ups em todas as temperaturas é confirmado pela tabela 1, onde a intercepção dos factores mostrou-se significativo (P<0,001). As temperaturas apresentaram-se diferenças significativas (tabela 1, P<0,05), com maior resposta para a temperatura de 15°c. Os resultados do gráfico 2 mostram que o Sargassum responde melhor a temperaturas mais baixas como refecte a curva para a salinidade 34 ups e temperatura 15°c . A interação dos factores em estudo mostrou-se que existe diferenças significativas (tabela 2, P<0,001).

A Ulva respondeu melhor na salinidade controlo e salinidade de 5 ups para as temperaturas de 15 e 25°c respectivamente, sendo que a temperatura de 15°c apresentou a melhor resposta (gráfico 3), com diferenças significativas na intercepção desses factores (tabela 3, P<0,001).

O Sargassum apresentou melhores resultados na salinidade intermédia (15 ups) e temperatura de 25°c (gráfico 4), com uma intercepção significativa dos factores (tabela 4, P<0.001). A temperatura por si só não interfere no etr (tabela 4, P>0,05) enquanto que a salinidade é significativa (tabela 4, P<0, 001).

Durante o experimento a Ulva mostrou-se sinais de adaptação a salinidades mais baixas enquanto que o Sargassum respondeu na salinidade mais próxima da salinidade controlo e com Sinais de adaptação a temperaturas mais altas (25°c) após o último dia de incubação.

13

Discussão dos resultados

A melhor resposta fotossintética da Ulva e do Sargassum para a salinidade de 15 ups após o primeiro dia de incubação esta de acordo com Loureiro, R. R. & Reis, R. P.(2008) num estudo onde eles testavam o efeito do gradiente salinidade na taxa fotossintética de *Polysiphonia subtilissima*, *Cladophora vagabunda* e *Ulva flexuosa*. Segundo Lobban e Harrison (1997) afirmam que a presença de macroalgas, exclusivamente marinhas, em salinidades reduzidas faz com que a pressão de turgor cresça e as células, por conseguinte, se expandam desde que suas paredes sejam elásticas o suficiente para suportar tal tensão. A força das paredes celulares e a habilidade das células de manterem seu potencial osmótico interno determinam a resistência da espécie à baixa salinidade. Quanto à resposta do Sargassum e da Ulva para as salinidades de 5 e 15 ups, o controle da pressão de turgor ou a resistência foi constatado para estes gêneros.

A ausência de diferença significativa na eficiência fotossintética de *Ulva fasciata* entre as salinidades de 5, 15 e 34 ups após o primeiro dia de incubação , mostra a tolerância desta espécie as variações de salinidade, confirmando a sua classificação como espécies oportunistas e de rápida recuperação quando expostas à situações estressantes (Loureiro, R. R. & Reis, R. P.(2008) apud (Wiencke &Davenport 1987; Wiencke et al 1992). Nesta situação, *U. fascita* parece ser a espécie mais eurihalina, uma vez que não houve diferença significativa entre as três salinidades.

Os resultados aqui obtidos para ambas as espécies mostra que essas são capazes de responder de uma forma positiva em termos de eficiência fotossintética a salinidades mais baixas do que o controlo (5-15 ups) embora de uma forma diferente pelos os mesmos motivos acima referidos, o que corrobora com os resultados obtidos pelos os autores Theil et.al, 2007 num estudo onde testavam a resposta da alga *Caulerpa taxifolia* a um estresse de hiposalinidade. A exposição de 180 min ou mais foi suficiente para matar todos os segmentos da espécie estuda, ainda segundo esses autores no mesmo estudo, a *C. taxifolia* é incapaz de aclimatar para uma variação em salinidade (35 para 10 ups) após 4 dias ou mais o que não acontece com as duas espécies estudadas, uma vez que após 4 dias de incubação sob três salinidades diferentes mostraram-se fisiologicamente bem nas salinidades inferiores a do controlo.

De uma forma geral, os resultados do estudo vieram a confirmar o que já era esperado, ou seja, que a variação desses factores abióticos interagindo-se entre si (temperatura e salinidade) influenciam a fisiologia da alga mesmo que ela seja capaz de tolerar essas variações e responder de uma forma positiva a essas flutuações,ou seja, mesmo que aclimata-se as diferentes condições submetidas, a resposta não é o mesmo quando essas espécies se encontram na sua faixa optima tanto de temperatura com de salinidade e isso foi observado nesse estudo tanto pela Ulva como pelo Sargassum (por exemplo a Ulva respondeu-se bem nas salinidades mais baixas mas a resposta não é o mesmo quando comparada com a salinidade controlo) e isso esta se acordo com Yokoya N.S e Oliveira E.C.(1993) num estudo onde testaram os efeitos da temperatura e salinidade na germinação de esporos e desenvolvimento da esporulação em agarofitas do sul da América onde os resultados motraram-se que temperatura e salinidade são factores limitantes no processo de germinação de esporos e desenvolvimento da esporulação, esporos dessas espécies lisaram-se quando submetido para salinidades mais baixas que 15 ups e aqueles incubadas nas salinidades mais altas do que 50 ups somente se provisoriamente fixado para o substrato.

Conclusão/recomendações

Após a realização do estudo conclui-se que as duas espécies tem capacidade de responder muito bem a algumas variações dos parâmetros aqui analisados embora de uma forma diferente, visto que, o Sargassum é uma espécie mais sensível do que a Ulva. O Sargassum no ultimo dia de incubação respondeu melhor a temperatura de 25°c o que não tinha acontecido após o primeiro dia de incubação enquanto que a Ulva respondeu-se bem as salinidades mais baixas do que o controlo (34 ups), ou seja, como já era de se esperar a Ulva sendo uma espécie oportunista mostrou-se capacidade de se aclimatar a variações na salinidade.

Referências bibliográficas

Bhattacharya, D. & Medlin, L. 1998. Plant. Physiol. V. 9; 116 Pp.

Lobban, C.S. & Harrison, P.J., 1994. Seaweed Ecology And Physiology. Cambridge University Press, Usa. 366 P.

Sousa-Pinto, I.; Murano, E.; Coelho, S.; Felga, A.; Pereira, R. 1999. The Effect Of Light On Growth And Agar Content Of Gelidium Pulchellum (Gelidiaceae, Rhodophyta) In Culture. Hydrobiologia, 398/399: 329-338.

Orduña-Rojas, J.; Robledo, D.; Dawes, C. J. 2002. Studies On The Tropical Agarophyte Gracilaria Cornea J. Agardh (Rhodophyta, Gracilariales) From Yucatan, Mexico. I. Seasonal Physiological And Biochemical Responses. Botanica Marina, 45: 453-458.

Perfeto, P. N. M. 1998. Relation Between Chemical Composition Of Grateloupia Doryphora (Montagne) Howe, Gymnogongrus Griffithsiae (Turner) Martius And Abiotic Parameters. Acta Botânica Brasílica, 12: 77-88.

South, G. R.; Whittick, A. Introduction To Phycology. Oxford: Blackwell Scientific, 1987. 341 P.

Lee, R. E. 1999. Phycology. Third Edition. Cambridge University Press. 600p.

Kirk, J. T. O. 1994. Light & Photosynthesis In Aquatic Ecosystems. Second Edition. Cambridge University Press. 509 P.

Marchand, F. L.; Kockelbergh, F.; Van Der Vijver, B.; Beyens, L. E Nijs, I. 2006. Are Heat And Cold Resistance Of Arctic Species Affected By Successive Extreme Temperature Evmar. Biol. 8, 48–56.

Seddon, S., Cheshire, A., 2001. Photosynthetic Response Of Amphibolis Antarctica And Posidonia Australis To Temperature And Desiccation Using Chlorophyll Fluorescence. Mar. Ecol. Prog. Ser. 119, 119–130.

Schreiber, U.; Bilger, W.; Hormann, H.; Neubauer, C. In: Photosynthesis: A Comprehensive Treatise. (Ed.) Raghavendra, A.S.. Cambridge University Press, Cambridge, 1998. 320.

Theil, M., Westphalen, G., Collings, G., Cheshire, A . Caulerpa taxifolia responses to hyposalinity stress. Aquatic Botany 87 (2007) 221–228

Yokoya N.S & Oliveira E.C.1993.Efectts of temperature and salinity on spore germination and sporeling development in South American agarophytes (Rhodophyta).J pn.J.Phycol.41: 238-293.